# essentials

*essentials* liefern aktuelles Wissen in konzentrierter Form. Die Essenz dessen, worauf es als „State-of-the-Art" in der gegenwärtigen Fachdiskussion oder in der Praxis ankommt. *essentials* informieren schnell, unkompliziert und verständlich

- als Einführung in ein aktuelles Thema aus Ihrem Fachgebiet
- als Einstieg in ein für Sie noch unbekanntes Themenfeld
- als Einblick, um zum Thema mitreden zu können

Die Bücher in elektronischer und gedruckter Form bringen das Expertenwissen von Springer-Fachautoren kompakt zur Darstellung. Sie sind besonders für die Nutzung als eBook auf Tablet-PCs, eBook-Readern und Smartphones geeignet. *essentials:* Wissensbausteine aus den Wirtschafts-, Sozial- und Geisteswissenschaften, aus Technik und Naturwissenschaften sowie aus Medizin, Psychologie und Gesundheitsberufen. Von renommierten Autoren aller Springer-Verlagsmarken.

Weitere Bände in der Reihe http://www.springer.com/series/13088

Heinz Herwig

# Dimensionsanalyse von Strömungen

## Der elegante Weg zu allgemeinen Lösungen

Heinz Herwig
Hamburg, Deutschland

ISSN 2197-6708          ISSN 2197-6716   (electronic)
essentials
ISBN 978-3-658-19773-5          ISBN 978-3-658-19774-2    (eBook)
https://doi.org/10.1007/978-3-658-19774-2

Die Deutsche Nationalbibliothek verzeichnet diese Publikation in der Deutschen Nationalbibliografie; detaillierte bibliografische Daten sind im Internet über http://dnb.d-nb.de abrufbar.

Springer Vieweg


Gedruckt auf säurefreiem und chlorfrei gebleichtem Papier

Springer Vieweg ist Teil von Springer Nature
Die eingetragene Gesellschaft ist Springer Fachmedien Wiesbaden GmbH
Die Anschrift der Gesellschaft ist: Abraham-Lincoln-Str. 46, 65189 Wiesbaden, Germany

# Was Sie in diesem *essential* finden können

- Erläuterungen zur grundlegenden Bedeutung der Dimensionsanalyse, ihren Anwendungen und ihrem Bezug zur Modellbildung.
- Dimensionsanalytische Überlegungen bzgl. einer technischen Fragestellung in der Strömungsmechanik oder Wärmeübertragung entsprechen stets einer bestimmten Form der *Modellbildung*.
- Wenn das Modell zur Problembeschreibung die Gleichungen umfasst, mit denen (Näherungs-)-Lösungen gefunden werden können, wird im Folgenden von *software-Feinmodellen* gesprochen.
- Wenn im Zuge der Modellentwicklung lediglich (dimensionslose) Kennzahlen bestimmt werden, mit denen die Lösung formuliert werden kann, wird im Folgenden von *software-Grobmodellen* gesprochen.
- Wenn im Experiment geometrisch ähnliche, aber verkleinerte oder vergrößerte Versionen eines eigentlich zu untersuchenden Prototyps eingesetzt werden, so handelt es sich dabei im Folgenden um *hardware-Modelle*.
- Der Einsatz dimensionsanalytischer Überlegungen erfordert stets ein bestimmtes Maß an Kenntnissen über die Physik einer technischen Fragestellung. Er stellt keinen „formalen Umformungsvorgang" dar, sondern entspricht einer physikalisch/mathematischen Modellbildung, s. den ersten Punkt dieser Auflistung.

# Vorwort

Die Dimensionsanalyse in der Strömungsmechanik und/oder der Wärmeübertragung eröffnet eine neue Sichtweise auf die Behandlung technischer Fragestellungen und sollte deshalb auf keinen Fall ungenutzt bleiben. Sie ist aber gleichzeitig auch eine Methodik, die sich „neuen Nutzern" vielleicht nicht auf Anhieb erschließt. Nur so ist es zu erklären, dass immer wieder „überraschende Aussagen" und „unerwartete" oder auch „offensichtlich widersprüchliche Ergebnisse" auftauchen.

Dies alles lässt sich vermeiden, wenn es zu einem vertieften Verständnis davon kommt, was die Dimensionsanalyse leisten kann und was nicht. Genau darum geht es im vorliegenden *essential*-Band.

Die Beschränkung auf Fragestellungen aus der Strömungsmechanik und Wärmeübertragung ist gewollt aber nicht zwingend, da die Überlegungen zur Dimensionsanalyse für alle physikalischen Probleme gelten, wie an der einen oder anderen Stelle in diesem *essential*-Band deutlich werden wird.

Ein herzliches Dankeschön geht an Dr.-Ing. Andreas Moschallski und Herrn Thomas Zipsner für ihre hilfreichen Kommentare und Anmerkungen.

Hamburg, Deutschland  
Herbst 2017

Heinz Herwig

# Inhaltsverzeichnis

# Einleitung: Dimensionsanalyse und Modelle 1

Ein vielleicht zunächst unerwarteter, aber entscheidender Begriff im Zusammenhang mit der Dimensionsanalyse ist der *Modell-Begriff*. Hierbei steht „Modell" für sehr unterschiedliche Kategorien bei einer Problemanalyse. Zunächst ist dabei nach *mathematisch/physikalischen Modellen* und konkreten *„handfesten" Modellen* eines Versuchsobjektes (meist als geometrisch ähnliche Verkleinerung oder Vergrößerung eines zu untersuchenden Prototyps) zu unterscheiden. In diesem *essential*-Band wird die erste Modell-Variante *software-Modell* genannt, die zweite folgerichtig dann als *hardware-Modell* bezeichnet, sodass zwei verschiedene Modell-Formen existieren.

Der Begriff des *hardware-Modells* sollte unmittelbar einsichtig sein: Es existiert konkret und man kann „es anfassen". Das *software-Modell* besitzt diese Eigenschaft nicht, ist aber etwas weiter gefasst, als der Name zunächst vermuten lässt: Gemeint sind Modellvorstellungen, die mehr oder weniger konkret auf Gleichungen basieren und somit „von gedanklicher" Natur sind. Diese Gleichungen können u. U. unter Einsatz einer Numerik-software gelöst werden, was den Namen zumindest rechtfertigt.

Abb. 1.1 soll eine Orientierung geben, welche Modell-Form jeweils gemeint ist und welche Verbindungen zum Experiment bzw. zu anderen Modell-Formen bestehen. Auf diese Abbildung wird in späteren Kapiteln Bezug genommen und die eigentlichen Aussagen, die aus dieser Grafik folgen, werden auch dann erst wirklich verständlich werden.

Mit der Dimensionsanalyse geht stets einher, dass eine dimensionslose Formulierung für ein Problem gefunden werden soll. Bei den software-Modellen werden Gleichungen entdimensioniert, bei hardware-Modellen geht es darum, eine Formulierung von Ergebnissen als Zusammenhang dimensionsloser Kennzahlen zu finden.

© Springer Fachmedien Wiesbaden GmbH 2017  
H. Herwig, *Dimensionsanalyse von Strömungen*, essentials,  
https://doi.org/10.1007/978-3-658-19774-2_1

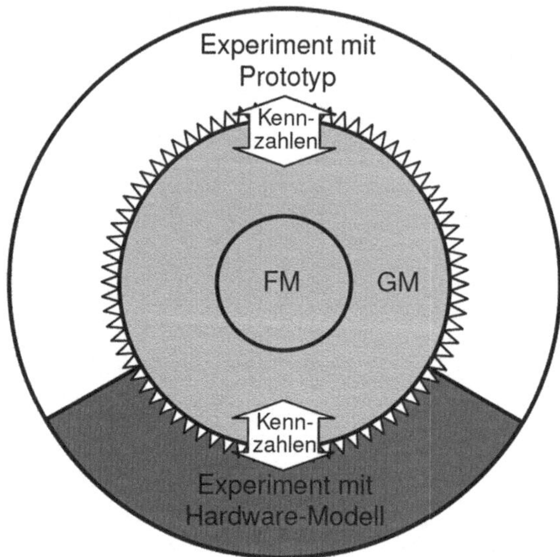


FM:                              Feinmodell (Gleichungen bekannt)

GM:                              Grobmodell (Gleichungen unbekannt)

hellgrau unterlegt:     software-Modelle

dunkelgrau unterlegt:  hardware-Modelle

weiß:                          zu untersuchender Prototyp

**Abb. 1.1** Zusammenhang von Modell und Experiment

Was ist aber der Vorteil einer dimensionslosen Darstellung? Letztlich wird diese Frage in allen Facetten erst mithilfe des gesamten *essential*-Bandes zu beantworten sein, vorab kann aber folgendes einfache Beispiel schon einen Hinweis geben.

**Beispiel 1**

Druckdifferenz bei ausgebildeten turbulenten Strömungen in glatten Rohren

Angenommen, man ist in den verschiedensten Situationen daran interessiert, wie groß die Druckdifferenz $\Delta p^*$ entlang eines glatten Rohres der Länge $L^*$ und vom Durchmesser $D^*$ ist, wenn dort ein Fluidvolumenstrom $\dot{V}^*$ der Dichte $\rho^*$ und der Viskosität $\eta^*$ strömt, s. Abb. 1.2. Das gewünschte Ergebnis für $\Delta p^*$ zeigt offensichtlich die Abhängigkeit

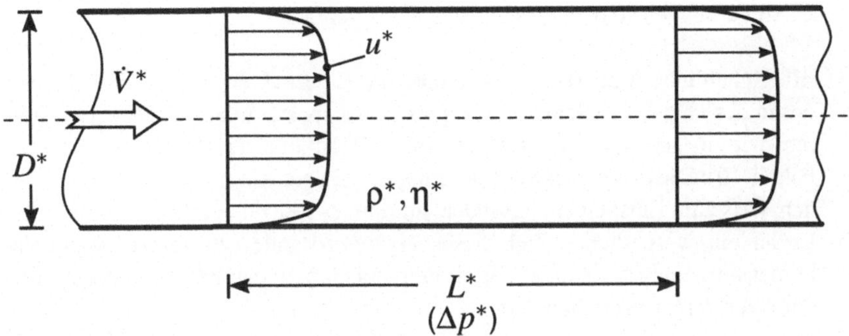


**Abb. 1.2** Ein turbulent durchströmtes Rohr

$$\Delta p^* = \Delta p^* \left( L^*, D^*, \dot{V}^*, \rho^*, \eta^* \right) \tag{1.1}$$

Damit ist die gesuchte Größe von fünf Größen abhängig. Wenn man nun für einen jeweils bestimmten Wertebereich dieser Größen ein Ergebnis ermitteln möchte und dafür annimmt, dass 10 konkrete Werte für eine Größe ausreichen, wobei dann die restlichen vier Werte jeweils konstant gehalten werden, so sind insgesamt $10^5$ Messungen oder Berechnungen erforderlich, um anschließend durch Interpolation einen gewünschten Wert aus diesen Ergebnissen bestimmen zu können.

Unterzieht man die Fragestellung stattdessen zunächst einer Dimensionsanalyse, wie dies in Abschn. 3.2 erläutert wird, so reduziert sich die gesuchte Lösung auf einen (zunächst unbekannten) Zusammenhang von zwei dimensionslosen Parametern, die aus den Einflussgrößen $\Delta p^*, L^*, D^*, \dot{V}^*, \rho^*$ und $\eta^*$ gebildet werden. Wiederum sollen zehn Messungen oder Berechnungen ausreichen, um diesen Zusammenhang für eine anschließende Interpolation darzustellen.

Auf beiden Wegen erhält man die Möglichkeit, gesuchte konkrete Lösungen aus den bereitgestellten Daten abzulesen. Ohne vorherige Dimensionsanalyse waren dafür $10^5$ Messungen oder Berechnungen erforderlich, mit Dimensionsanalyse aber nur 10. Der Aufwand hat sich also durch den Einsatz der Dimensionsanalyse um den Faktor $10^4$ verringert!

Zwei Anmerkungen sind zu diesem Beispiel angebracht:

- Eine inhaltliche Anmerkung: Es könnte der Eindruck entstehen, die Dimensionsanalyse eines Problems würde stets zu so spektakulären Ergebnissen führen, wie im gezeigten Beispiel, mit einer Reduktion des Aufwandes um den Faktor $10^4$. Dies ist keineswegs der Fall, es sei dem Autor aber bitte nachgesehen, dass zum Einstieg ein besonders attraktives Beispiel gewählt wurde.
- Es ist ein wesentliches Ziel dieses *essential*-Bandes zu zeigen, wann die Dimensionsanalyse welchen Vorteil bietet bis hin zu den Fällen, in denen man durchaus darauf verzichten kann.
- Eine formale Anmerkung: Weil bei der Dimensionsanalyse die Unterscheidung von dimensionsbehafteten und dimensionslosen Größen von besonderer Bedeutung ist, soll eine klare Kennzeichnung alle Verwechslungen ausschließen: Dimensionsbehaftete Größen werden mit einem hochgestellten * gekennzeichnet, alle Symbole ohne Stern sind dimensionslose Größen.

# Dimension, Zahlenwert und Einheit 2

Physikalische Größen, wie eine Masse, eine Dichte oder eine Geschwindigkeit besitzen

- eine Dimension, die eine Größenart festlegt
- einen Zahlenwert, der den Betrag der Größe beschreibt
- eine Einheit, die eine Abzählbarkeit ermöglicht.

Innerhalb dieses *essential*-Bandes wird für eine allgemeine physikalische Größe $a^*$ folgende Schreibweise vereinbart:

$(a^*)$: Dimension von $a^*$

$\{a^*\}$: Zahlenwert von $a^*$

$[a^*]$: Einheit von $a^*$

Danach gilt z. B. für die Masse $m^* = 10\,\text{kg}$:

$$(m^*) = MASSE, \quad \{m^*\} = 10, \quad [m^*] = \text{kg} \tag{2.1}$$

sowie für die Dichte $(\rho^*) = 1{,}2\,\text{kg}/\text{m}^3$:

$$(\rho^*) = MASSE\big/LÄNGE^3, \quad \{\rho^*\} = 1,2, \quad [\rho^*] = \text{kg}\big/\text{m}^3 \tag{2.2}$$

Die beiden Beispiele ($m^*$ und $\rho^*$) stehen jeweils für eine Klasse von Dimensionen, die als *Basisdimensionen* und *abgeleitete Dimensionen* bezeichnet werden.

Es lässt sich zeigen, dass es in der Physik genau sieben Basisdimensionen gibt, die für sich oder in entsprechenden Kombinationen alle (!) vorkommenden physikalischen Größen erfassen. Welche Dimensionen als die sieben Basisdimensionen angesehen werden, hat Vereinbarungscharakter und ist nicht etwa die Folge physikalischer Gesetzmäßigkeiten. In diesem Sinne wurde ein *Internationales Größensystem* (ISQ ≙ International System of Quantities) vereinbart, dem

© Springer Fachmedien Wiesbaden GmbH 2017

H. Herwig, *Dimensionsanalyse von Strömungen*, essentials,

https://doi.org/10.1007/978-3-658-19774-2_2

die sieben in Tab. 2.1 aufgeführten Basisdimensionen zugrunde liegen. Die zugehörigen Einheiten werden als Basiseinheiten innerhalb eines Internationalen Einheitensystems (SI) bezeichnet.

Im Bereich der Strömungsmechanik und Wärmeübertragung sind die ersten vier Basisdimensionen von Bedeutung, also die LÄNGE, die ZEIT, die MASSE und die (thermodynamische) TEMPERATUR.

Weitere Größen, die in der Strömungsmechanik und Wärmeübertragung eine Rolle spielen, besitzen dann abgeleitete Dimensionen. Vier Beispiele sind in Tab. 2.2 gezeigt. Die zugehörigen Einheiten sind als Kombination der Basiseinheiten aus Tab. 2.1 dann folgerichtig *abgeleitete Einheiten*. Mit den ersten vier Basiseinheiten aus Tab. 2.1 entsteht die allgemeine abgeleitete Einheit einer Größe $a^*$ als

$$[a^*] = C \cdot \mathrm{m}^{\alpha 1}\, \mathrm{s}^{\alpha 2}\, \mathrm{kg}^{\alpha 3}\, \mathrm{K}^{\alpha 4} \tag{2.3}$$

Die vier Exponenten $\alpha i$ sind jeweils ganze Zahlen ($\dots -2, -1, 0, 1, 2, \dots$).

Wenn für die Konstante $C = 1$ gilt, spricht man von *kohärenten Einheiten*. Dies ist für alle vier Beispiele in Tab. 2.2 der Fall. Einige kohärente Einheiten erhalten einen eigenen Namen, wie dies in Tab. 2.2 für die Kraft und die Energie gilt. Nicht-kohärente Einheiten sind z. B. 1 cm $= 10^{-2}$ m und die häufig verwendete Druckeinheit 1 bar $= 10^5$ kg/ms$^2$.

**Tab. 2.1**  Basisdimensionen (ISQ) und Basiseinheiten (SI)

| Basisdimension (Formelzeichen) | Basiseinheit (Einheiten-Symbol) |
|---|---|
| LÄNGE ($L^*$) | Meter (m) |
| ZEIT ($t^*$) | Sekunde (s) |
| MASSE ($m^*$) | Kilogramm (kg) |
| TEMPERATUR ($T^*$) | Kelvin (K) |
| STROMSTÄRKE ($I^*$) | Ampere (A) |
| STOFFMENGE ($n^*$) | Mol (mol) |
| LICHTSTÄRKE ($I_v^*$) | Candela (cd) |

**Tab. 2.2**  Beispiele für abgeleitete Dimensionen und abgeleitete Einheiten

| Abgeleitete Dimension | Abgeleitete Einheit | Eigener Name |
|---|---|---|
| DICHTE = MASSE/LÄNGE$^3$ | 1 kg/m$^3$ | – |
| GESCHWINDIGKEIT = LÄNGE/ZEIT | 1 m/s | – |
| KRAFT = LÄNGE $\cdot$ MASSE/ZEIT$^2$ | 1 m kg/s$^2$ | N (Newton) |
| ENERGIE = LÄNGE$^2$ $\cdot$ MASSE/ZEIT$^2$ | 1 m$^2$ kg/s$^2$ | J (Joule) |

# Dimensionsanalyse und software-Modelle    3

Mit software-Modellen ist hier gemeint, dass eine theoretische Beschreibung einer Fragestellung vorliegt, die als physikalisch/mathematisches Modell (s. Abb. 1.1)

- ein Gleichungssystem umfasst, mit dem das betrachtete Problem beschrieben und gelöst werden kann ($\to$ Feinmodell), oder
- eine sog. Relevanzliste besitzt, in der diejenigen physikalischen Größen enthalten sind, die für eine weitergehende Modellierung berücksichtigt werden müssen ($\to$ Grobmodell).

Dimensionsanalytische Überlegungen sind für beide Modell-Formen unterschiedlich, weshalb sie getrennt voneinander angestellt werden sollen.

## 3.1    Dimensionsanalyse und software-Feinmodell

Soll eine bestimmte Fragestellung in der Strömungsmechanik oder Wärmeübertragung theoretisch formuliert und behandelt werden, so ist dafür ein adäquates Gleichungssystem einschließlich der zugehörigen Anfangs- und Randbedingungen erforderlich. In den meisten Fällen wird dies eine reduzierte Variante des umfassenden *Grundmodells der Strömungsmechanik und Wärmeübertragung* sein. Dieses Grundmodell umfasst (für Newtonsche Fluide)

- die vollständigen Navier-Stokes-Gleichungen
- den ersten und zweiten Hauptsatz der Thermodynamik
- Material- und konstitutive Gleichungen.

© Springer Fachmedien Wiesbaden GmbH 2017

H. Herwig, *Dimensionsanalyse von Strömungen*, essentials,

https://doi.org/10.1007/978-3-658-19774-2_3

Der Umfang eines *essential*-Bandes erlaubt leider keine sehr viel weitergehenden Erläuterungen zu dem umfassenden Grundmodell, aus dem heraus in sehr vielen Situationen die adäquate mathematische Beschreibung eines Problems durch Berücksichtigung von speziellen Annahmen folgt. Solche Annahmen können z. B. sein: zweidimensionale Strömung, konstante Stoffwerte, stationäres Problem, Vernachlässigung der Wärmestrahlung, …

Die Gleichungen des speziellen mathematisch/physikalischen Modells, das auf diese Weise entsteht, werden häufig algebraische oder Differenzialgleichungen sein. Sie liegen zunächst aber in dimensionsbehafteter Form vor.

### 3.1.1    Dimensionskonsistenz

Eine wichtige Voraussetzung, die alle Gleichungen eines mathematisch/physikalischen Modells erfüllen müssen, ist die sog. *Dimensionskonsistenz*. Damit ist gemeint, dass alle Terme einer Gleichung, die additiv nebeneinander stehen, dieselbe Dimension besitzen müssen. Daraus folgt unmittelbar, dass auch die rechten und linken Seiten einer Gleichung von gleicher Dimension sind. Damit ist zugleich sichergestellt, dass diese Gleichungen unabhängig von der Wahl bestimmter Einheiten gelten (Längen könnten z. B. – jeweils einheitlich – in der Längeneinheit „Meter", aber auch in „Millimeter" oder gar „Zoll" angegeben werden – empfehlenswert ist aber die SI-Einheit „Meter").

Die Dimensionsanalyse dieser Gleichungen hat das Ziel, die Gleichungen in eine dimensionslose Form zu überführen. Bevor gezeigt wird, wie dies geschehen kann und worauf dabei zu achten ist, sollte geklärt werden, warum man überhaupt eine dimensionslose Form anstrebt. Dies kann am besten an einem konkreten Beispiel erläutert werden, wobei **Beispiel** 1, in dem es um die Strömung in glatten Rohren ging, wieder aufgegriffen werden soll. Anders als dort soll jetzt aber zunächst eine laminare Strömung unterstellt werden, weil damit bereits die entscheidenden Aspekte der Entdimensionierung erläutert werden können.

---

**Beispiel 2**

Laminare Strömung in glatten Rohren: Vorteile einer dimensionslosen Formulierung

Für diese aus strömungsmechanischer Sicht „sehr einfache" Strömung, s. Abb. 3.1, gelten viele Besonderheiten, die das aufwendige mathematische Grundmodell sehr stark vereinfachen (Besonderheiten: stationär, ausgebildete Strömung, laminar, konstante Stoffwerte), sodass die Strömung durch

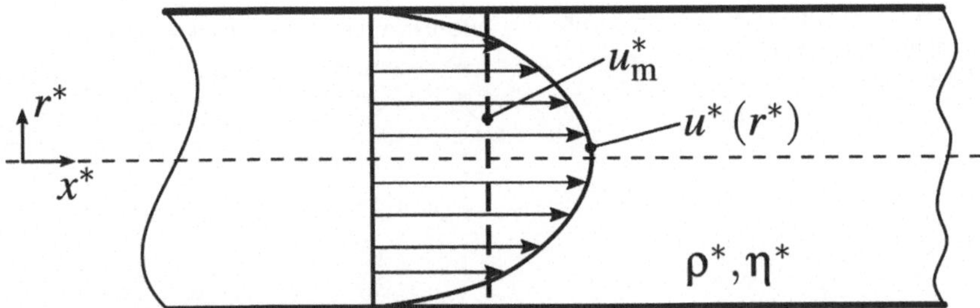

**Abb. 3.1** Ein laminar durchströmtes Rohr

folgende „einfache" Gleichung beschrieben wird (zu Details s. z. B. Herwig und Schmandt 2015).

$$0 = -\frac{\partial p^*}{\partial x^*} + \frac{\eta^*}{r^*} \frac{\partial}{\partial r^*}\left(r^* \frac{\partial u^*}{\partial r^*}\right) \tag{3.1}$$

mit den zugehörigen Randbedingungen

$$r^* = 0: \ \partial u^*/\partial r^* = 0; \ r^* = R^*: \ u^* = 0 \tag{3.2}$$

Wie immer, empfiehlt es sich, hinter den mathematischen Gleichungen des mathematisch/physikalischen Modells stets auch die Physik zu sehen. Im vorliegenden Fall heißt dies: für eine stationäre ausgebildete ($x^*$-unabhängige) Strömung mit konstanten Stoffwerten muss $\partial p^*/\partial x^*$ konstant sein, womit aus (3.1) sofort folgt, dass $u^*$ ein parabolisches Geschwindigkeitsprofil ist.

Mit der Lösung von (3.1) ergibt sich das Geschwindigkeitsprofil $u^*(r^*)$, und damit das Strömungsfeld, mit dem alle gewünschten Informationen bestimmt werden können. Für eine konkrete Ermittlung des Geschwindigkeitsprofils müssen $R^*$, $\eta^*$ und $\partial p^*/\partial x^*$ festgelegt werden, d. h. die konkret gesuchte Lösung gilt (nur) für den so gewählten speziellen Fall.

Die Überführung von (3.1) in eine dimensionslose Form erfordert sog. *Bezugsgrößen* für die unabhängigen und abhängigen Variablen in der Gleichung, hier also für $x^*$, $r^*$, $u^*$ und $p^*$. Die Viskosität $\eta^*$ und die Dichte $\rho^*$ sind Konstanten und werden nicht wie die Variablen entdimensioniert. Die „richtige" Wahl der Bezugsgrößen ist für den wirklichen Erfolg der Entdimensionierung von entscheidender Bedeutung. Allgemeine Regeln dafür werden später erörtert, hier wird die „richtige" Wahl zunächst vorgegeben: Längen werden auf den Radius $R^*$ bezogen, die Geschwindigkeit auf die mittlere Geschwindigkeit $u_m^*$ und der Druck auf $\rho^* u_m^{*2}$. Tab. 3.1 zeigt die dimensionslosen Variablen des Problems, in die (3.1) und (3.2) umgeschrieben werden.

**Tab. 3.1** Entdimensionierung der Variablen in Beispiel 2

| Variable | Bezugsgröße | Dimensionslose Variable |
|---|---|---|
| $x^*$ | $R^*$ | $x = x^* / R^*$ |
| $r^*$ | $R^*$ | $r = r^* / R^*$ |
| $u^*$ | $u_m^*$ | $u = u^* / u_m^*$ |
| $p^*$ | $\rho^* u_m^{*2}$ | $p = p^* / {}^* u_m^{*2}$ |

Damit ergibt sich

$$O = -\frac{\partial p}{\partial x} + \frac{\eta^*}{\rho^* u_m^* R^*} \frac{1}{r} \frac{\partial}{\partial r}\left( r \frac{\partial u}{\partial r} \right) \tag{3.3}$$

mit:

$$r = 0 : \partial u / \partial r = 0; \quad r = 1 : u = 0 \tag{3.4}$$

Da das Geschwindigkeitsprofil eine parabolische Form besitzt (s. o.) und mit der mittleren Geschwindigkeit entdimensioniert worden ist, liegt $u(r)$ eindeutig fest, ist also weder eine Funktion von $\partial p / \partial x$ noch vom Vorfaktor $\eta^* / {}^* u_m^* R^*$. Später wird dieser Vorfaktor als Kehrwert der sog. Reynolds-Zahl (hier gebildet mit dem Rohrradius)

$$\mathrm{Re}_R = \frac{\rho^* u_m^* R^*}{\eta^*} \tag{3.5}$$

identifiziert werden. Mit dieser Schreibweise kann (3.3) wie folgt umgeschrieben werden:

$$\frac{1}{r} \frac{\partial}{\partial r}\left( r \frac{\partial u}{\partial r} \right) = \mathrm{Re}_R \frac{\partial p}{\partial x} = \mathrm{const} \tag{3.6}$$

Unter Berücksichtigung der Randbedingungen (3.4) folgt unmittelbar die allgemeine Lösung

$$u = 2\left( 1 - r^2 \right); \mathrm{Re}_R \frac{\partial p}{\partial x} = -8 \tag{3.7}$$

für das Geschwindigkeitsprofil $u(r)$ und für das sog. Widerstandsgesetz, das den Zusammenhang zwischen dem Massenstrom, der gefördert wird $\left( \dot{m}^* \to u_m^* \to \mathrm{Re}_R \right)$ und dem dazu erforderlichen Druckgradienten herstellt. In vielen Literaturstellen findet man dieses Widerstandsgesetz in der Form

$$\lambda_R \mathrm{Re}_D = 64 \tag{3.8}$$

Dies folgt unmittelbar aus (3.7) mit $\mathrm{Re}_D = 2\mathrm{Re}_R$ und $\lambda_R = 4(\partial p/\partial x)$, weil der Durchmesser $D^*$ anstelle des Radius $R^*$ als Bezugsgröße gewählt und der Druck auf den sog. Staudruck $\rho^* u_m^2/2$ bezogen wurde, vgl. Tab. 3.1.

Der Vorteil einer dimensionslosen Behandlung des Problems ist offensichtlich: Während in der dimensionsbehafteten Version (3.1) für jede neue Kombination $R^*, \eta^*$ und $\partial p^*/\partial x^*$ eine neue Lösung (für das Geschwindigkeitsprofil $u^*(r^*)$) entsteht, besitzt die dimensionslose Version (3.3) eine einzige, allgemeine Lösung.

Auch hier zeigt das Beispiel der Rohrströmung den Vorteil der dimensionslosen Formulierung wieder auf besonders eindrucksvolle Weise, die so (leider) nicht für alle weiteren Beispiele gilt; der generelle Vorteil bleibt aber bestehen: Mit dem Übergang auf eine dimensionslose Formulierung und Lösung erfolgt der Wechsel von der dimensionsbehafteten Einzellösung zu einer weitest möglich allgemeinen Lösung.

## 3.1.2 Die „richtige" Wahl der Bezugsgrößen

Man könnte eine Entdimensionierung ganz formal durchführen, indem z. B. alle Längen auf eine „Standardlänge" $L_s^* = 1\,\mathrm{m}$ und alle Geschwindigkeiten auf eine „Standardgeschwindigkeit" $u_s^* = 1\,\mathrm{m/s}$ bezogen werden. Dann wäre aber das dimensionslose Geschwindigkeitsprofil nicht mehr unabhängig vom Volumenstrom bzw. der mittleren Geschwindigkeit $u_m^*$ und $u^*(r^*)$ könnte nicht als allgemeine Lösung ermittelt werden.

Die „richtige" Wahl der Bezugsgrößen erfolgt stattdessen so, dass „charakteristische Längen, Geschwindigkeiten, ..." zur Entdimensionierung herangezogen werden, weil damit bestimmte Abhängigkeiten der zu entdimensionierenden Größen in ihren Bezugsgrößen auftreten und sich so kompensieren. Die Forderung nach „charakteristischen" Bezugsgrößen heißt, dass diese sich möglichst weitgehend so verhalten, wie die zu entdimensionierenden Größen. Zwei sehr einsichtige Beispiele sind der Rohrradius $R^*$ (oder Durchmesser) als charakteristische Länge und die mittlere Geschwindigkeit

$$u_m^* = \frac{1}{R^*} \int_0^{R^*} u^* 2\pi r^* dr^*. \tag{3.9}$$

Beide Größen verhalten sich wie die zu entdimensionierenden Größen: Der Radius $r^*$ ist für die verschiedensten Rohre stets zwischen $r^* = 0$ und $r^* = R^*$, die Geschwindigkeit $u^*$ besitzt stets Werte zwischen $u^* = 0$ und $u^* = cu_m^*$, wobei

$c$ eine feste Konstante für jede Querschnittsgeometrie bei einer ausgebildeten Rohrströmung ist. Nur bei einer solchen Wahl der Bezugsgrößen sind die Lösungen allgemein gültig und nicht nur Lösungen für einen konkreten Fall.

Diese Überlegungen zeigen, dass die Entdimensionierung bei der Dimensionsanalyse eines Problems kein formaler Schritt ist, sondern nur unter Kenntnis bestimmter physikalischer Aspekte des Problems adäquat erfolgen kann. Etwas schärfer gefasst heißt dies: Die „richtigen", weil charakteristischen Bezugsgrößen eines Problems können nur aus dem prinzipiellen physikalischen Verständnis des Problems gewonnen werden. Die Auswahl der *charakteristischen Bezugsgrößen* erfolgt so, dass nach der Entdimensionierung nur noch Abhängigkeiten zwischen den dimensionslosen Größen vorliegen und diese Größen einen festen Wertebereich besitzen (im „Idealfall" zwischen den Werten 0 und 1).

## 3.2    Dimensionsanalyse und software-Grobmodelle

Bei software-Feinmodellen, die zuvor behandelt worden waren, sind die Bestimmungsgleichungen eines zu lösenden Problems bekannt. Ein software-Grobmodell legt dagegen zunächst einmal „nur" fest, welche Größen in der Problembeschreibung und der angestrebten Lösung auftreten (und genauso wichtig: welche nicht!). Daraus entsteht die sog. *Relevanzliste* als Zusammenstellung aller relevanten physikalischen Größen eines Problems. Diese Größen würden in einem software-Feinmodell direkt oder indirekt auftreten, sodass ein software-Grobmodell auch als (stark) reduziertes Feinmodell angesehen werden kann.

### 3.2.1    Die Relevanzliste als Grobmodell

Wie bereits bei der Auswahl charakteristischer Bezugsgrößen in Abschn. 3.1.2 ist für die Aufstellung der Relevanzliste ein physikalisches Grundverständnis in Bezug auf ein betrachtetes Problem erforderlich. Daraus kann und muss abgeleitet werden, welche physikalischen Größen relevant sind und welche nicht. Ein „Fünf-Punkte-Plan" in Tab. 3.2 kann dabei gute Dienste leisten. Er gilt für *eine* sog. *Zielgröße*, die im Sinne einer Lösung interessiert. Wenn mehrere Größen gesucht sind (die sich gegenseitig nicht beeinflussen) muss für jede gesuchte Größe eine eigene Relevanzliste aufgestellt werden.

In Beispiel 3 wird der Fünf-Punkte-Plan auf die in **Beispiel** 1 behandelte ausgebildete turbulente Rohrströmung angewandt und dabei gezeigt, dass und warum Gl. 3.1 Ausdruck der zugehörigen Relevanzliste des Problems ist.

**Tab. 3.2** Fünf-Punkte-Plan zur Aufstellung der Relevanzliste für eine gesuchte physikalische Größe (Zielvariable)

| Elemente der Relevanzliste | Physikalische Bedeutung |
| --- | --- |
| 1. Zielvariable | Gesuchte physikalische Größe |
| 2. Geometrievariable(n) | Geometrische Größe, die als charakteristische Bezugslänge dienen kann. Nur wenn die Lösung geometrisch nicht-ähnliche Anordnungen umfassen soll, müssen weitere charakteristische Geometriegrößen hinzugenommen werden. Wenn keine globalen, sondern lokale Werte gesucht sind, müssen entsprechende Koordinaten-Größen hinzugenommen werden |
| 3. Prozessvariable(n) | Charakteristische Größe(n) für die „Stärke" des betrachteten Prozesses |
| 4. Stoffwerte | Stoffwerte, die im Prozess auftreten und deren Veränderung ihn beeinflussen würde |
| 5. Konstante(n) | Konstante(n) in physikalischen Gesetzmäßigkeiten, die für den betrachteten Prozess von Bedeutung sind |

---

**Beispiel 3**

Anwendung des Fünf-Punkte-Plans

In **Beispiel** 1 war die Druckdifferenz $\Delta p^*$ in turbulent durchströmten Rohren gesucht. Da es sich um stationäre ausgebildete Strömungen handelt, in denen sich das Geschwindigkeitsprofil weder mit der Lauflänge $x^*$ noch mit der Zeit verändert, kann allgemeiner nach der Druckdifferenz pro Lauflänge, also $\Delta p^*/L^*$ oder gleichwertig nach $dp^*/dx^*$ gefragt werden. Dies zeigt, dass die Rohrlänge $L^*$ keine relevante Einflussgröße mehr ist, wenn nach dem Druckgradienten gefragt wird. Nach dieser Vorüberlegung kann der Fünf-Punkte-Plan jetzt wie folgt angewandt werden:

1. Zielvariable: Diese war soeben als $dp^*/dx^*$ bestimmt worden.
2. Geometrievariable(n): Der Radius $R^*$ oder der Durchmesser $D^*$ bieten sich unmittelbar als charakteristische Länge an. Da die Rohrlänge keinen Einfluss auf die Zielgröße hat und keine lokalen Werte gesucht sind, bleibt es bei einer Geometrievariablen.
3. Prozessvariable: Die „Stärke" des Prozesses ist hier der geförderte Volumenstrom $\dot{V}^* = u_m^* A^*$, der wegen des konstanten Rohrquerschnittes $A^*$ gleichwertig durch $u_m^*$ repräsentiert wird.

4. Stoffwerte: Das strömende Fluid ist durch vier Stoffwerte charakterisiert, und zwar durch die Dichte $\rho^*$, die Viskosität $\eta^*$, die Wärmeleitfähigkeit $\lambda^*$ und die spezifische Wärmekapazität $c_p^*$. Die Frage ist aber, welche dieser Stoffwerte einen relevanten Einfluss auf die Zielgröße $dp^*/dx^*$ ausüben. Solange die Stoffwerte als konstant unterstellt werden, besitzt ein Wärmeübergang keinen Einfluss auf das Strömungsfeld, sodass $\lambda^*$ und $c_p^*$ keine relevanten Einflussgrößen sind. Die Viskosität $\eta^*$ muss sicherlich berücksichtigt werden, da die Stärke von Reibungseffekten durch $\eta^*$ beeinflusst wird. Es bleibt jetzt noch zu klären, ob die Dichte eine Rolle spielt. Wenn ja, muss es einen physikalischen Effekt geben, der entscheidend von $\rho^*$ abhängt. Dies können im Grunde genommen nur Trägheitseffekte sein. Da die ausgebildete Rohrströmung weder beschleunigt noch verzögert wird, treten keine (globalen) Trägheitskräfte auf. Aber: Es handelt sich um eine turbulente Strömung, deren Geschwindigkeitsschwankungen zu hohen lokalen Trägheitskräften führen, weshalb die Dichte für das Gesamtproblem „doch" eine relevante Einflussgröße ist.

5. Konstanten: Bei strömungsmechanischen Problemen, wie dem hier behandelten, kann als physikalische Konstante die Erdbeschleunigung $g^*$ auftreten, wenn Auftriebseffekte eine Rolle spielen. Da es sich bei dem betrachteten Fall aber um eine rein erzwungene Konvektion handelt, muss $g^*$ nicht als relevante Einflussgröße berücksichtigt werden.

Insgesamt umfasst die Relevanzliste für das betrachtete Problem damit fünf Größen, und zwar

$$\left(\frac{dp^*}{dx^*}, R^*, u_m^*, \rho^*, \eta^*\right) \tag{3.10}$$

Diese Größen sind in dem Problem auf eine unbekannte Art und Weise miteinander verknüpft. Würde man die zugehörigen Gleichungen (das Feinmodell) kennen, könnte diese Verknüpfung ermittelt werden. In Abschn. 3.1.1 war gezeigt worden, dass man dies aber erst nach der adäquaten Entdimensionierung der Gleichungen tun sollte. Dies ist ein Hinweis darauf, dass man bzgl. der Relevanzliste (3.10) eine Verknüpfung der einzelnen Größen in dimensionsloser Form suchen sollte. Wie dies möglich ist, zeigt das sog. Pi-Theorem, das im Folgenden behandelt wird.

## 3.2.2  Das Pi-Theorem: Reduktion von Relevanzlisten

Die zentrale Aussage des sog. Pi-Theorems ist, dass die Verknüpfung von $n$ relevanten Einflussgrößen durch die gleichwertige Verknüpfung von weniger als $n$ dimensionslosen Kombinationen dieser Einflussgrößen ersetzt werden kann. Die genaue Formulierung, die bereits 1914 von E. Buckingham in ähnlicher Weise gegeben wurde, lautet wie folgt:

Gegeben ist ein Zusammenhang von $n$ Einflussgrößen $a_i^*$ mit $m$ Basisdimensionen als

$$f\left(a_1^*, a_2^*, \ldots, a_n^*\right) = 0 \tag{3.11}$$

Die Lösung des Problems kann dann in dimensionsloser Form als.

$$F(\pi_1, \pi_2, \ldots, \pi_{n-m}) = 0 \tag{3.12}$$

dargestellt werden. Dabei sind $\pi_i$ als dimensionslose Kennzahlen des Problems Potenzprodukte der Einflussgröße $a_i^*$.

Das Pi-Theorem gilt in dieser Form, wenn mit (3.11) der einzige Zusammenhang zwischen den Einflussgrößen $a_i^*$ beschrieben ist, d. h., dass keine zusätzlichen Verknüpfungen zwischen den einzelnen Einflussgrößen bestehen.

Folgende Punkte sollen das zentral wichtige Theorem der Dimensionsanalyse erläutern:

- Die einzelnen Kennzahlen $\pi_i$ stellen Potenzprodukte von Einflussgrößen aus der zugehörigen Relevanzliste dar. Ihre Bestimmung ist denkbar einfach: Man kombiniert eine zunächst ausgesuchte Einflussgröße solange mit Potenzen anderer Einflussgrößen bis eine dimensionslose Kombination entsteht. Dies ist $(n - m)$ mal durchzuführen, um einen vollständigen Satz von Kennzahlen zu ermitteln. Dabei ist nur darauf zu achten, dass die ermittelten Kennzahlen unabhängig voneinander sind, d. h. nicht durch Kombination bereits ermittelter Kennzahlen ausgedrückt werden können.
- Das Pi-Theorem legt die Anzahl dimensionsloser Kennzahlen zu $(n - m)$ eindeutig fest. Die einzelnen Kennzahlen können aber auf verschiedene Weise gebildet werden. Damit können mehrere zunächst formal verschiedene Kennzahl-Sätze (bestehend jeweils aus $(n - m)$ Kennzahlen) gebildet werden. Aber: Alle diese Sätze sind gleichwertig, da sie durch Kombinationen zwischen den Kennzahlen eines jeweiligen Satzes in einander überführt werden können, s. dazu das nachfolgende **Beispiel** 4.

- Der physikalisch/mathematische Hintergrund für die zentrale Aussage des Pi-Theorems besteht darin, dass Gleichungen (konkret vorhanden [Feinmodell] oder prinzipiell formulierbar [Grobmodell]) dimensionskonsistent sein müssen: Einflussgrößen $a_i^*$, s. (3.11), können in ihnen nicht beliebig, sondern nur unter Beachtung dieser Bedingung verknüpft sein. Dies führt beim Übergang auf eine dimensionslose Formulierung, s. (3.12), zu einer reduzierten Anzahl verknüpfter Größen, wie dies konkret im **Beispiel 2** gezeigt worden ist.
- Der Name „Pi-Theorem" geht auf das mathematische Symbol $\pi$ für Produkte einzelner Größen zurück und nicht etwa auf die „Kreiszahl" $\pi = 3{,}14\ldots$

---

**Beispiel 4**

Bestimmung von Kennzahl-Sätzen

Mit (3.10) liegt im Sinne eines Grobmodells die Relevanzliste für das Problem einer ausgebildeten turbulenten Rohrströmung vor. Um daraus mithilfe des Pi-Theorems Kennzahl-Sätze abzuleiten, sollte man zunächst die Einheiten (und damit indirekt auch die Dimensionen) der $n = 5$ beteiligten Größe auflisten, s. Tab. 3.3. Aus dieser Tabelle ergibt sich $m = 3$, da die drei Basisdimensionen LÄNGE, ZEIT und MASSE beteiligt sind. Gemäß des Pi-Theorems kann die Lösung des Problems als (zunächst unbekannte) Verknüpfung von $n - m = 2$ dimensionslosen Kennzahlen dargestellt werden. Kennzahl-Sätze in diesem Sinne können nun wie folgt bestimmt werden:

1. *Kennzahl-Satz:*

Man beginnt mit der ersten Einflussgröße, $dp^*/dx^*$, und kombiniert sie mit Blick auf Tab. 3.3 mit den anderen Einflussgrößen, bis z. B. folgende Kennzahl entsteht

$$\pi_1 = \frac{\left(dp^*/dx^*\right)R^{*2}}{\eta^* u_m^*}\left(=\pi_{1,1}\right) \tag{3.13}$$

**Tab. 3.3** Physikalische Einheiten der relevanten Einflussgrößen einer turbulenten Rohrströmung, s. (3.10)

| $dp^*/dx^*$ | $R^*$ | $u_m^*$ | $\rho^*$ | $\eta^*$ |
|---|---|---|---|---|
| $\mathrm{kg}/\mathrm{m}^2\mathrm{s}^2$ | m | m/s | $\mathrm{kg}/\mathrm{m}^3$ | $\mathrm{kg}/\mathrm{ms}$ |

Die zweite Kennzahl $\pi_2$ ist mit Sicherheit unabhängig von $\pi_1$, wenn deren Erstellung mit der Dichte $\rho^*$ beginnt, da diese Größe in $\pi_1$ nicht vorkommt. Auf diese Weise entsteht z. B.

$$\pi_2 = \frac{\rho^* u_m^* R^*}{\eta^*} \left(= \pi_{2,1}\right) \tag{3.14}$$

Weitere unabhängige Kennzahlen kann es für dieses Problem nicht geben, sodass die erste Verknüpfung gemäß (3.12) (zusätzlicher Index 1) heißt:

$$F\left(\pi_{1,1}, \pi_{2,1}\right) = 0 \tag{3.15}$$

2. *Kennzahl-Satz:*
Man kann wieder mit $dp^*/dx^*$ beginnen, aber anders kombinieren, sodass als Kennzahl $\pi_1$ entsteht:

$$\pi_1 = \frac{\left(dp^*/dx^*\right)R^*}{\rho^* u_m^{*2}} \left(= \pi_{1,2}\right) \tag{3.16}$$

Die Erstellung der zweiten Kennzahl sollte man jetzt mit $\eta^*$ beginnen, sodass z. B. entsteht:

$$\pi_2 = \frac{\eta^*}{\rho^* u_m^* R^*} \left(= \pi_{2,2}\right) \tag{3.17}$$

Damit lautet die Verknüpfung gemäß (3.12)

$$F\left(\pi_{1,2}, \pi_{2,2}\right) = 0 \tag{3.18}$$

Prinzipiell könnten auf diese Weise beliebig viele Kennzahl-Sätze gebildet werden. Alle sind aber vollkommen gleichwertig, da die Kennzahlen der einzelnen Sätze jeweils „auseinander hervorgehen". In diesem Sinne gilt für das hier gegebene Beispiel:

$$\pi_{1,2} = \pi_{1,1}/\pi_{2,1} \quad \text{und} \quad \pi_{2,2} = 1/\pi_{2,1} \tag{3.19}$$

Anmerkung: Man könnte die Bestimmung der Kennzahlen auch mathematisch systematisieren, indem ein Gleichungssystem zur Bestimmung der Potenzen von Einflussgrößen aufgestellt wird. Dies ist aber unnötig umständlich, weil der zuvor beschriebene Weg „sicher zum Ziel führt".

**Tab. 3.4**  Benannte dimensionslose Kennzahlen

| Kennzahl | Definition | Benannt nach |
| --- | --- | --- |
| Reynolds-Zahl | $\mathrm{Re} = \rho^* u_c^* L_c^* / \eta^*$ | Osborne Reynolds (1842–1912) |
| Mach-Zahl | $\mathrm{Ma} = u_c^* / a_s^*$ | Ernst Mach (1838–1916) |
| Prandtl-Zahl | $\mathrm{Pr} = \eta^* c_p^* / \lambda^*$ | Ludwig Prandtl (1875–1953) |
| Grashof-Zahl | $\mathrm{Gr} = g^* \beta^* \Delta T^* L^3 / \nu^{*2}$ | Franz Grashof (1826–1893) |
| Froude-Zahl | $\mathrm{Fr} = u_c^* / \sqrt{g^* L_c^*}$ | William Froude (1810–1879) |
| Strouhal-Zahl | $\mathrm{Sr} = f^* L_c^* / u_c^*$ | Vincent Strouhal (1850–1922) |
| Knudsen-Zahl | $\mathrm{Kn} = \lambda_f^* / L_c^*$ | Martin Knudsen (1871–1949) |
| Nußelt-Zahl | $\mathrm{Nu} = \dot{q}_w^* L_c^* / \lambda^* \Delta T^*$ | Wilhelm Nußelt (1882–1957) |

$u_c^*$: charakteristische Geschwindigkeit; $L_c^*$: charakteristische Länge, $a_s^*$: Schallgeschwindigkeit; $\Delta T^*$: charakteristische Temperaturdifferenz; $g^*$: Betrag des Erdbeschleunigungsvektors; $\rho^*$: Dichte; $\beta^*$: thermischer Ausdehnungskoeffizient; $\eta^*$: dynamische Viskosität, $\nu^*$: kinematische Viskosität; $c_p^*$: spezifische isobare Wärmekapazität; $f^*$: Frequenz; $\lambda^*$: Wärmeleitfähigkeit; $\lambda_f^*$: freie Weglänge; $\dot{q}_w^*$: Wandwärmestromdichte

### 3.2.3  Benannte Kennzahlen

Bestimmte Kennzahlen, die häufig auftreten, werden nach bekannten Forschern zu deren Ehren benannt. Tab. 3.4 listet einige dieser Standard-Kennzahlen aus den Bereichen Strömungsmechanik und Wärmeübertragung auf.

### 3.3  Dimensionsanalyse und numerische Lösungen

Alle gängigen, kommerziellen CFD-Numerik-Programme (wie FLUENT, STAR-CCM+, CFX, …) basieren auf dimensionsbehafteten Gleichungen und erwarten demgemäß alle Eingabegrößen in Form von dimensionsbehafteten Werten. Eine erzielte Lösung ist dann der anvisierte Einzelfall – aber: dimensionsanalytische Überlegungen besagen, dass diese Lösung nur eine von unendlich vielen Lösungen der zugehörigen dimensionslosen Gleichungen (mit den entsprechenden Werten für die dann auftretenden dimensionslosen Parameter) ist.

In Herwig und Schmandt (2015, Kap. 12) wird ausführlich erläutert, wie aus einer dimensionsbehafteten Lösung auf die korrespondierenden weiteren Lösungen geschlossen werden kann und welche zusätzliche Erkenntnisse damit verbunden sind.

# Dimensionsanalyse und hardware-Modelle {#chapter-4}

**4**

Modellflugzeuge sind Beispiele für hardware-Modelle im hier verstandenen Sinne: Es handelt sich um geometrisch weitgehend ähnliche „Nachbildungen" von Prototypen in einem verkleinerten Maßstab. Generell können hardware-Modelle auch in einem vergrößerten Maßstab auftreten. In beiden Fällen dienen sie dazu, an ihnen Untersuchungen vorzunehmen, deren Ergebnisse anschließend auf den Prototyp übertragen werden können. Die Frage ist nur: Wie kann und muss diese Übertragung erfolgen?

Abb. 1.1 zeigt, wie Experimente mit hardware-Modellen einzuordnen sind. Sie sind eng mit den software-Grobmodellen „verzahnt" und erhalten aus diesen über die Angabe von Kennzahlen offenbar die zunächst unbekannte Information über die adäquate Skalierung. Dies ist möglich, weil der Prototyp und das hardware-Modell (verkleinert oder vergrößert) mit demselben software-Grobmodell korrespondieren, was in Abb. 1.1 durch die angedeutete Verzahnung zum Ausdruck kommt.

Es gilt also, zunächst das software-Grobmodell bzgl. der jeweiligen Fragestellung zu ermitteln und dieses dann zu nutzen, um hardware-Modell und Prototyp so aufeinander abzustimmen, dass alle Kennzahlen des software-Grobmodells für das hardware-Modell und den Prototyp jeweils dieselben Zahlenwerte besitzen.

Aus physikalischer Sicht handelt es sich dann um einen und denselben physikalischen Fall in zwei verschiedenen Ausführungen (einmal als Problem am Prototyp und einmal am hardware-Modell). Die anfangs gestellte Frage nach der Prozessführung beantwortet sich also so, dass der Prozess am hardware-Modell so eingestellt werden muss, dass dabei dieselben Zahlenwerte für alle auftretenden Kennzahlen entstehen, wie sie am Prototyp (in der interessierenden Situation) vorliegen.

© Springer Fachmedien Wiesbaden GmbH 2017

H. Herwig, *Dimensionsanalyse von Strömungen,* essentials,

https://doi.org/10.1007/978-3-658-19774-2_4

19

In der Praxis zeigt sich aber, dass dies nicht immer möglich ist, bzw. dass dabei unerwünschte Nebeneffekte auftreten können. Bevor dies näher erläutert wird, soll zunächst an einem Beispiel gezeigt werden, wie konkret vorzugehen ist.

**Beispiel 5**

Hardware-Modellversuche im Windkanal

Um z. B. die aerodynamischen Eigenschaften eines PKW zu verbessern, wäre es vorteilhaft, wenn dies an einem verkleinerten Modell anstelle des Originals geschehen könnte. Wie zuvor beschrieben, muss dazu zunächst das (gemeinsame) software-Grobmodell entwickelt werden, was der Aufstellung einer Relevanzliste für die zu untersuchende Fragestellung entspricht. Mithilfe des Fünf-Punkte-Plans führt dies zu folgendem Ergebnis:

1. Zielvariable: Luftwiderstand $W^*$
2. Geometrievariable: charakteristische Länge $L_c^*$
3. Prozessvariable: Anströmgeschwindigkeit $u_\infty^*$
4. Stoffwerte: Viskosität $\eta^*$, Dichte $\rho^*$
5. Konstanten: –

Mit diesen $n = 5$ Einflussgrößen, die $m = 3$ Dimensionen aufweisen (LÄNGE, ZEIT, MASSE), können gemäß des Pi-Theorems $n - m = 2$ dimensionslose Kennzahlen gebildet werden. In der in diesem Zusammenhang üblichen Form lauten sie

$$\pi_1 = c_D = \frac{2W^*}{\rho^* u_\infty^{*2} L_c^{*2}} \quad \text{(Widerstandsbeiwert)} \tag{4.1}$$

$$\pi_2 = \mathrm{Re} = \frac{\rho^* u_\infty^* L_c^*}{\eta^*} \quad \text{(Reynolds--Zahl)} \tag{4.2}$$

Wenn der Widerstandsbeiwert die Zielgröße darstellt, entsteht also das Software-Grobmodell

$$c_D = c_D(\mathrm{Re}) \tag{4.3}$$

und der Modellversuch muss so betrieben werden, dass die Reynolds-Zahl für beide Fälle dieselbe ist. Da im Original-Fall und im Windkanal-Versuch Luft als Fluid vorhanden ist, sind die Stoffwerte $\rho^*$ und $\eta^*$ in beiden Fällen gleich. Dieselbe Reynolds-Zahl entsteht damit, wenn $u_\infty^* L_c^*$ für beide Fälle ebenfalls gleich ist.

Liegt z. B. ein Geometrie-Maßstab $L_M = L_O/10$ vor (M: Modell, O: Original), so muss also gelten:

$$u_{\infty_M} = 10 u_{\infty_O} \tag{4.4}$$

Wenn z. B. $u_{\infty_O} = 100\,\text{km/h}$ vorgegeben wird, gilt für die erforderliche Anströmgeschwindigkeit des Modells $u_{\infty_M} = 1000\,\text{km/h}$! Wollte man dies tatsächlich im Modellversuch realisieren, so entstünde eine Situation, die mit dem zuvor entwickelten software-Grobmodell (der Relevanzliste) nicht hinreichend genau beschrieben wäre: Bei so hohen Geschwindigkeiten treten Kompressibilitäts-Effekte auf, sodass ein weiterer Stoffwert einen relevanten Einfluss gewinnt und in die Relevanzliste aufgenommen werden müsste: die Schallgeschwindigkeit $a_s^*$ als Maß für die Kompressibilität der Luft. Damit kann eine weitere Kennzahl gebildet werden und es entsteht mit

$$\pi_3 = Ma = \frac{u_\infty^*}{a_s^*}\ (\text{Mach–Zahl}) \tag{4.5}$$

das erweiterte software-Grobmodell

$$c_D = c_D\ (\text{Re}, \text{Ma}) \tag{4.6}$$

Offensichtlich werden bei dem angedachten Pkw-Modellversuch die Original- und die Modellsituation nicht mehr durch dasselbe software-Grobmodell beschrieben. Dies nennt man *Skalierungseffekt*, s. dazu das nachfolgende Kapitel.

Hier kann man nun folgende Überlegung anschließen: Gelingt es im Sinne von Modellversuchen, die Aerodynamik von Flugzeugen zu verbessern, indem verkleinerte Modelle im Windkanal untersucht werden? Da die Original-Situation durch das software-Grobmodell (4.6) beschrieben wird (wegen der hohen Geschwindigkeiten spielt anders als beim PKW auch die Ma-Zahl eine Rolle), müssen im Windkanalversuch jetzt die beiden Kennzahlen Re und Ma gleichzeitig „eingehalten" werden, d. h. im Original und im Modell jeweils denselben Zahlenwert besitzen. Leider tritt auch hier ein Problem auf: Da in beiden Fällen Luft als Fluid auftritt liegt für beide Fälle (bei gleicher Temperatur) dieselbe Schallgeschwindigkeit $a_s^*$ vor und die Bedingung gleicher Ma-Zahl führt zu der Forderung $u_{m_M}^* = u_{m_O}^*$. Da wie zuvor $u_m^* L^*$ in beiden Fällen gleich sein muss, folgt $L_M^* = L_O^*$, d. h. das „Modell" entspricht geometrisch dem Original! Wenn trotzdem Versuche mit einem verkleinerten Modell gemacht werden sollen, kann nur eine von beiden Kennzahlen eingehalten werden, was man *partielle Ähnlichkeit* nennt, s. auch dazu das nachfolgende Kapitel.

Mit diesem **Beispiel** 5 könnte der Eindruck entstehen, dass die sog. *Modelltheorie* (Untersuchung im veränderten Maßstab) grundsätzlich problematisch wäre. Dies ist jedoch nicht der Fall, solange es gelingt, die Original- und die Modellsituation einheitlich durch ein und dasselbe software-Grobmodell zu beschreiben. Dies ist im **Beispiel** 5 gescheitert, weil in beiden Situationen jeweils dasselbe unveränderte Fluid gleicher Temperatur Verwendung findet. Lässt man andere Fluide oder veränderte Fluideigenschaften aufgrund veränderter Drücke oder Temperaturen zu (wie dies in sog. Kryo-Kanälen der Fall ist), gibt es deutlich mehr Fälle, in denen aus hardware-Modellversuchen belastbare Schlüsse über das Verhalten des Originals gezogen werden können.

## 4.1    Skalierungseffekte und partielle Ähnlichkeit

Eine durchweg erfolgreiche hardware-Modelluntersuchung ist dann möglich, wenn das Original- und das Modellproblem durch ein und dasselbe software-Grobmodell hinreichend genau beschrieben werden, und wenn alle darin auftretenden dimensionslosen Kennzahlen jeweils denselben Zahlenwert besitzen. Abweichungen von diesen beiden Anforderungen werden als *Skalierungseffekte* bzw. als *partielle Ähnlichkeit* bezeichnet, wobei folgende Definitionen gelten:

- Skalierungseffekt:
  Das hardware-Modell und der Prototyp zeigen bzgl. der interessierenden Fragestellung kein physikalisches Verhalten, das einheitlich durch ein und dasselbe software-Grobmodell beschrieben werden kann. Beim Übergang zwischen den Skalen beider Versionen treten Effekte auf, die zusätzlich berücksichtigt werden müssten, oder es entfallen Effekte, die dann nicht mehr in beiden Versionen gleichermaßen auftreten. Grob formuliert: Es liegt nicht mehr in beiden Situationen dieselbe physikalische Situation vor.
- partielle Ähnlichkeit:
  Es gilt zwar ein gemeinsames software-Grobmodell, es können aber nicht alle darin vorkommenden dimensionslosen Kennzahlen gleichzeitig jeweils dieselben Zahlenwerte annehmen.
  Ob in beiden Fällen dann „trotzdem" sinnvolle Modelluntersuchungen möglich sind, kann nicht vorab bzw. allgemein beantwortet werden. Dies muss vielmehr im Einzelfall aus der Kenntnis der physikalischen Situation heraus entschieden werden.

## 4.2  Weitere Erläuterungen

Auf folgende Aspekte im Zusammenhang mit der Erstellung von software-Grob-modellen und deren Einsatz für hardware-Modelluntersuchungen sollte noch besonders hingewiesen werden:

- Wie ganz allgemein für die Entwicklung von (software) Modellen gilt auch hier, dass diese nicht nach den Kategorien „richtig oder falsch" beurteilt werden können. Es gilt vielmehr festzustellen, ob sie „brauchbar sind oder nicht", um eine bestimmte physikalische Situation näherungsweise zu beschreiben. Dies bedeutet einerseits, dass Kriterien formuliert werden müssen, nach denen entschieden wird, ob eine Näherung akzeptiert werden kann (z. B.: 5 % Abweichungen). Zum anderen heißt es aber auch, dass eine Brauchbarkeit nur im Vergleich zu der zu beschreibenden Situation festgestellt werden kann. Man muss also eine entsprechende Kenntnis über die Physik des Problems besitzen – aus dem Modell selbst heraus lässt sich die Frage nach der Brauchbarkeit nicht beantworten.
- Bei der konkreten Modellentwicklung (hier: Aufstellung der Relevanzliste) entsteht oft die Frage, ob eine bestimmte Größe relevant ist oder nicht. Dies kann man – wieder unter Kenntnis der physikalischen Situation – mit der Antwort auf die Frage entscheiden, ob eine gedachte deutliche Veränderung dieser Größe einen Einfluss auf die Zielgröße hat oder nicht.
- Die Relevanzliste sollte möglichst „passgenau" sein, trotzdem tritt die Frage auf, welche Auswirkungen eine „zu kleine" oder eine „zu große" Relevanzliste auf den weiteren Umgang mit dem Problem hat.
Eine „zu kleine" Relevanzliste entspricht einem unzureichenden und damit unbrauchbaren software-Grobmodell. Führt eine solche Relevanzliste z. B. zu der Aussage, dass die Lösung als Zusammenhang von zwei dimensionslosen Einflussgrößen dargestellt werden kann, so müssten z. B. alle Messergebnisse auf einer eindeutig identifizierbaren (aber in ihrer Form unbekannten) Kurve $\pi_1 = \pi_1(\pi_2)$ zu finden sein. Ist die Relevanzliste aber zu klein, werden die Ergebnisse so nicht darstellbar sein, sondern außerhalb des Kurvenverlaufes $\pi_1 = \pi_1(\pi_2)$ streuen.
Eine „zu große" Relevanzliste hingegen entspricht einem zu aufwendigen Modell, das generell brauchbar, aber eben unnötig umfangreich ist. In der Anwendung wird sich u. U. zeigen, dass unnötigerweise darin aufgenommene Einflussgrößen in der Tat keine Relevanz besitzen. Ein Indiz dafür kann z. B. sein, dass – wiederum für das Beispiel eines vorausgesagten Zusammenhangs

zwischen zwei Kennzahlen – sich ein Kurvenverlauf $\pi_1 = \pi_1(\pi_2)$ ergibt, der von der Form $\pi_1 = C\pi_2^n$ ist. Dann würde in der Tat nur eine Kennzahl vorliegen, nämlich $\pi = \pi_1\pi_2^{-n} = C$, die mit einer einzigen Messung bestimmt werden könnte. Um zu prüfen, ob dies der Fall ist, sollte $\pi_1(\pi_2)$ in doppeltlogarithmischer Form aufgetragen werden. Wenn dabei eine Gerade entsteht ist diese durch

$$ln\pi_1 = lnC + n\,ln\pi_2 \tag{4.7}$$

beschrieben, d. h. die Steigung entspricht dem Exponenten $n$.

Anmerkung: Eine solche Situation tritt auf, wenn man für das Beispiel der ausgebildeten laminaren Rohrströmung ein Grobmodell entwickelt, bei dem die Dichte in der Relevanzliste enthalten ist. Es wird dann ein Zusammenhang $\lambda_R = \lambda_R(\mathrm{Re})$ vorausgesagt. Es zeigt sich jedoch, dass $\lambda_R = C/Re$ gilt, sodass tatsächlich *eine* Kennzahl, $\lambda_R Re$, ausreicht, um das Problem zu beschreiben, weil die Dichte keine relevante Einflussgröße ist (s. dazu auch die **Beispiele** 1 **und** 2).

- Allgemeine Lösungen als einen mathematischen Zusammenhang dimensionsloser Kennzahlen für ein bestimmtes Problem bereitzustellen, ist dann sinnvoll, wenn erwartet werden kann, dass diese Lösungen für bestimmte Werte der Kennzahlen mehrmals Verwendung finden werden. Davon kann in der Regel ausgegangen werden, wenn eine Zielkennzahl nur von einer oder von zwei Kennzahlen abhängt (wie z. B. bei $c_D = c_D\,(\mathrm{Re},\mathrm{Ma})$ in **Beispiel** 5). Wenn aber die Relevanzliste so umfangreich ist, dass deutlich mehr dimensionslose Kennzahlen entstehen, ist die „Mehrfach-Nachfrage" nach einer bestimmten dimensionslosen Lösung höchst unwahrscheinlich. Eine solche Situation liegt z. B. beim Wärmeübergang mit Phasenwechsel (Verdampfung und Kondensation) vor. In diesem Zusammenhang werden deshalb Ergebnisse fast ausschließlich als Zusammenhang dimensionsbehafteter Größen dargestellt, weil eine dimensionslose Darstellung keinen „Mehrwert" ergeben würde.

# Illustrierende Beispiele 5

Abschließend soll anhand einiger Beispiele gezeigt werden, was mit der Bereitstellung von Lösungen in dimensionsloser Form erreicht werden kann.

## 5.1 Der „Klassiker": G.I. Taylor und die Sprengkraft der ersten Atombomben-Explosion

Dem britischen Physiker G.I. Taylor ist es 1945 gelungen, die zunächst geheim gehaltene Sprengkraft der ersten Nuklearexplosion in New Mexico aufgrund dimensionsanalytischer Überlegungen ziemlich genau zu bestimmen. Sein software-Grobmodell, entwickelt aus der Kenntnis der Explosions-Physik, führte ihn auf die Relevanzliste $(R^*, \rho^*, t^*, E^*)$, wobei $R^*$ den Radius der anfangs halb kugelförmigen Explosion, $\rho^*$ die Dichte der umgebenden Luft, $t^*$ die Zeit nach der Zündung und $E^*$ die freigesetzte Energie (die „Sprengkraft") darstellen. Mit $n = 4$ und $m = 3$ ergibt sich genau *eine* Kennzahl, z. B. der Form

$$\pi = \frac{R^{*5} \rho^*}{E^* t^{*2}} = C \tag{5.1}$$

Um daraus die freigesetzte Energie bestimmen zu können, müssen alle anderen Größen, einschließlich der Konstanten $C$ bekannt sein. Diese Konstante ist aus Versuchen mit konventionellem Sprengstoff bekannt und kann in guter Näherung als $C = 1$ gesetzt werden. Da es Fotos der Explosions-Halbkugel mit Angaben zum Zeitpunkt der Zündung gab, konnte ein Radius $R^* = 130\,\text{m}$ zum Zeitpunkt $t^* = 0{,}025\,\text{s}$ ermittelt werden. Mit der Dichte von Luft, $^* = 1{,}2\,\text{kg/m}^3$ zum Zeitpunkt der Explosion waren alle Daten vorhanden, um die freigesetzte Energie zu

$$E^* = 7{,}15 \times 10^{13}\,\text{J} \approx 17.000\,\text{t TNT}$$

© Springer Fachmedien Wiesbaden GmbH 2017
H. Herwig, *Dimensionsanalyse von Strömungen*, essentials,
https://doi.org/10.1007/978-3-658-19774-2_5

zu bestimmen. Späteren Angaben zufolge lag die Sprengkraft etwa bei 20.000 t TNT. G.I. Taylor gegenüber reichte die Haltung von „not amused" bis hin zum Verdacht des Geheimnisverrats. Dabei war es lediglich Dimensionsanalyse …

## 5.2     Dimensionsanalyse und Mikrosystemtechnik: Ist alles ganz anders, oder nur kleiner?

Vor etwa 20 Jahren wurde die sog. Mikrosystemtechnik fast schlagartig zu einem neuen Feld für Forschung und Entwicklung, weil die Miniaturisierung von Apparaten und Prozessen große Vorteile versprach. So entstanden miniaturisierte Hochleistungs-Wärmeübertrager mit extrem hohen Wandwärmestromdichten und Strömungen durch Kanäle, deren Durchmesser etwa der Dicke eines menschlichen Haares entsprechen.

Insbesondere die Strömungen wurden in diesem Zusammenhang als etwas „völlig Neues" angesehen, das es gründlich zu erforschen galt. Hunderte von Veröffentlichungen befassten sich mit diesen neuen Fragestellungen. Aber: Was war daran neu? Ein durchströmtes Rohr (besser: Röhrchen) mit einem Durchmesser von $D^* = 100\,\mu\text{m}$ (=0,1 mm) besitzt in dimensionsloser Formulierung mit $r = 2r^*/D^*$ eine Radialkomponente $0 \leq r \leq 1$ wie jede Rohrströmung. In der dimensionslosen Formulierung gibt es kein „klein" oder „groß" bzw. „mikro" oder „makro". Als dies in die Debatte eingebracht wurde, z. B. durch Herwig (2002), gab es zunächst Unverständnis und Ablehnung. Allmählich setzte sich aber die Erkenntnis durch, dass die Dimensionsanalyse geeignet ist, Klarheit in der weitgehend verworrenen Situation zu schaffen.

Bezüglich der Rohrströmung eines Newtonschen Fluides gilt im Sinne des software-Grobmodells (s. **Beispiel** 5, Gl. 4.4)

$$c_D = c_D(\text{Re}, \text{Ma}) \tag{5.2}$$

Mach-Zahl-Effekte treten bis auf extreme Ausnahmen hier nicht auf, sodass $c_D(\text{Re})$ verbleibt. Die Dimensionsanalyse gibt jetzt klar vor, wie die „neuen" Strömungen beurteilt werden müssen. Dabei geht es um die beiden Fragen:

- Welche Re-Zahlen liegen bei Mikroströmungen typischerweise vor?
- Treten Skalierungseffekte auf?

Bezüglich der ersten Frage zeigt sich, dass Re-Zahlen wegen der Mikro-Abmessungen klein sind, häufig treten Werte in der Nähe von Re = 1 auf. Damit sind solche Strömungen stets laminar (turbulente Rohrströmungen liegen erst bei

*Re* > 2300 vor) und oftmals vom Typ „schleichende Strömungen", d. h. ohne Trägheitseffekte. Solche Strömungen sind hinlänglich bekannt und stellen keine neue Herausforderung dar.

Das kann anders sein, wenn in nennenswertem Maße Skalierungseffekte auftreten, was bei extremer Maßstabverkleinerung durchaus zu erwarten ist. In der Tat zeigt sich, dass $c_D(\mathrm{Re})$ in bestimmten Fällen kein brauchbares software-Grobmodell ist, sondern erweiterte Modelle erforderlich sind. Einer der dabei am häufigsten auftretenden neuen physikalischen Effekte ist die Abweichung vom Kontinuumsverhalten des Fluides, weil die freien Weglängen $\lambda_f^*$ von (Gas-) Molekülen nicht mehr hinreichend kleiner als die Abmessungen des Strömungsgebietes sind. Nimmt man deshalb $\lambda_f^*$ in die Relevanzliste auf, entsteht ein erweitertes software-Grobmodell mit der sog. Knudsen-Zahl

$$\mathrm{Kn} = \frac{\lambda_f^*}{L_c^*} \tag{5.3}$$

als zusätzlicher dimensionsloser Kennzahl. Physikalisch äußert sich dieser Effekt durch ein „Gleiten" des Fluides an der Wand. Damit ist die sog. Haftbedingung an der Wand verletzt und muss durch eine modifizierte Bedingung ersetzt werden (engl. slip boundary condition).

Anmerkung: Viele vermeintliche „Mikroeffekte" stellen vermutlich Messfehler dar, weil häufig die Herausforderung unterschätzt wird, belastbare Messergebnisse in Geometrien mit Abmessungen im $\mu$m-Bereich zu gewinnen, s. dazu z. B. Gloss und Herwig (2009).

## 5.3   Die Nußelt-Zahl: Attraktiv aber problematisch

Eine konvektive Wärmeübertragung entsteht z. B. wenn der in Abb. 1.2 gezeigten ausgebildeten Rohrströmung eine Wandwärmestromdichte $\dot{q}_w^* = \mathrm{const}$ aufgeprägt wird. In Abb. 5.1 sind die Temperaturprofile in zwei Querschnitten 1 und 2 gezeigt, die Geschwindigkeitsprofile gelten unverändert wie in Abb. 1.2. Gemäß der über die Wand in Form von Wärme übertragenen Energie wächst die innere Energie des Fluides an, was sich im entsprechenden Anstieg der kalorischen Mitteltemperatur $T_m$ zeigt.

Wenn die Wandwärmestromdichte $\dot{q}_w^*$ gegeben ist, wird als Zielgröße in der Regel die „Wandüberhitzung" $\left(T_w^* - T_m^*\right)$ gesucht, die auch als „treibende Temperaturdifferenz" $\Delta T^* = T_w^* - T_m^*$ bezeichnet wird. Ohne dimensionsanalytische

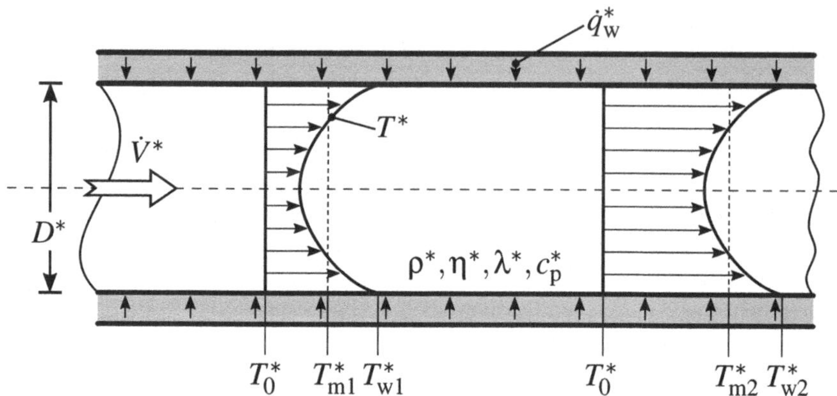


**Abb. 5.1**  Temperaturprofile einer Rohrströmung

Überlegungen wird in diesem Zusammenhang ein (dimensionsbehafteter) Wärmeübergangskoeffizient

$$\alpha^* = \frac{\dot{q}_w^*}{\Delta T^*} \tag{5.4}$$

eingeführt, um damit die „Qualität" der Wärmeübertragung zu charakterisieren, s. dazu auch Herwig (1997). Dieser Koeffizient besagt, welche treibende Temperaturdifferenz $\Delta T^*$ in einer bestimmten Situation erforderlich ist, um Energie in Form von Wärme mit der Wärmestromdichte $\dot{q}_w^*$ übertragen zu können. Große Werte von $\alpha^*$ werden in der Regel dann als Ausdruck „guter Wärmeübergänge" interpretiert.

Dimensionsanalytische Überlegungen führen auf ein software-Grobmodell bzw. die zughörige Relevanzliste

$$\left( \dot{q}_w^*, \Delta T^*, R^*, u_m^*, \rho^*, \eta^*, \lambda^*, c_p^* \right) \tag{5.5}$$

Im Vergleich zur Relevanzliste (Gl. 3.10) des reinen Strömungsproblems ist die Zielgröße ausgetauscht worden ($\dot{q}_w^*$ anstelle von $dp^*/dx^*$), $\Delta T^*$ hinzugenommen worden und es sind die beiden Stoffwerte $\lambda^*$ (Wärmeleitfähigkeit) und $c_p^*$ (spezifische Wärmekapazität) dazugekommen. Mit $n = 8$ Einflussgrößen und $m = 4$ Basisdimensionen (LÄNGE, ZEIT, MASSE und TEMPERATUR) könnten $n - m = 4$ Kennzahlen gebildet werden.

Das Pi-Theorem fordert, dass die Einflussgrößen unabhängig voneinander auftreten müssen, d. h. keine weiteren Verknüpfungen zwischen ihnen bestehen dürfen. Diese Bedingung ist nach Einführung des Wärmeübergangskoeffizienten verletzt, da die Größen $\dot{q}_w^*$ und $\Delta T^*$ nur in ihrer Kombination $\dot{q}_w^* / \Delta T^* = \alpha^*$ vorkommen. Die endgültige Relevanzliste lautet demnach

$$\left( \alpha^*, R^*, u_m^*, \rho^*, \eta^*, \lambda^*, c_p^* \right) \tag{5.6}$$

sodass mit $n = 7$ und weiterhin $m = 4$ jetzt $n - m = 3$ Kennzahlen gebildet werden können. In der üblichen Form lautet das software-Grobmodell dann

$$\mathrm{Nu} = \mathrm{Nu}(\mathrm{Re}, \mathrm{Pr}) \tag{5.7}$$

Für die Definition der Kennzahlen siehe Tab. 3.4.

Vergleicht man nun ein jeweils vorhandenes Ergebnis in Form des dimensionsbehafteten Wärmeübergangskoeffizienten $\alpha^*$ und der dimensionslosen Nußelt-Zahl Nu, so wird der Vorteil der dimensionslosen Vorgehensweise deutlich. Dies soll am Beispiel der ausgebildeten laminaren Rohrströmung mit der thermischen Randbedingung $\dot{q}_w^* = \mathrm{const}$ erläutert werden. Für diesen Fall gilt $\mathrm{Nu} = 4{,}36$ womit aufgrund der Definition von Nu für die gesuchte Größe

$$\Delta T^* = \frac{\dot{q}_w^* L_c^*}{4{,}36 \lambda^*} \tag{5.8}$$

für einen bestimmten Wert von $\dot{q}_w^*$ ein Ergebnis für alle Werte von $L_c^*$ und $\lambda^*$ vorliegt.

Ist hingegen das Ergebnis in Form eines bestimmten Wertes $\alpha^* = c_1^*$ gegeben, so ergibt sich

$$\Delta T^* = \frac{\dot{q}_w^*}{c_1^*} \tag{5.9}$$

Dies gilt aber nur für einen bestimmten Wert von $L_c^*$ sowie für ein bestimmtes $\lambda^*$.

Aus Nu folgt das Ergebnis für alle Rohrdurchmesser und alle Newtonschen Fluide während ein Ergebnis in Form von $\alpha^*$ nur für einen Rohrdurchmesser und ein bestimmtes Fluid gilt. Für weitere Beispiele in anderen physikalischen Situationen s. Herwig (2001).

Dieses Beispiel erläutert den Aspekt „attraktiv" in der Kapitelüberschrift. Was aber ist „problematisch"?

Um dies erläutern zu können, muss man sich zunächst vergegenwärtigen, dass es bzgl. einer Wärmeübertragung zwei Aspekte gibt: einen quantitativen und einen qualitativen. Man möchte einerseits wissen, *wieviel* Energie in Form von Wärme übertragen wird und andererseits welche *Verluste* dabei auftreten, oder einfacher formuliert: wie „stark" und wie „gut" eine Energieübertragung in Form von Wärme ist. Der quantitative Aspekt wird durch $\dot{q}_w^*$ erfasst, der qualitative hingegen durch $\Delta T^*$. Der physikalische Hintergrund dafür ist, dass eine treibende Temperaturdifferenz stets zur Produktion von Entropie führt, was die Wertigkeit einer übertragenen Energie vermindert, für Details s. z. B. Herwig et al. (2016).

Die Problematik der Nußelt-Zahl besteht nun darin, dass beide Aspekte (Quantität und Qualität) gleichzeitig darin vorkommen. Für eine Darstellung, die beide Aspekte getrennt behandelt, müssten in der Tat zwei Kennzahlen eingeführt werden. Welche das sein könnten ist in Herwig (2016) näher erläutert, kann hier aus Platzgründen aber leider nicht genauer beschrieben werden.

# Weiterführende Literaturangaben

Hier sollen noch einige Hinweise auf umfangreichere Werke zur Dimensionsanalyse gegeben werden. In diesen wird die Systematik, die dem vorliegenden *essential*-Band zugrunde liegt, so nicht zu finden sein. Ebenfalls werden dort die hier eingeführten Modell-Formen der software-Feinmodelle, -Grobmodelle und von hardware-Modellen nicht mit diesen Bezeichnungen, wohl aber in ihrer jeweiligen Bedeutung auftreten. In diesem Sinne sei verwiesen auf Zierep (1972), Isaacson und Isaacson (1975), Kline (1986), Gibbings (2011) und Lemons (2017).

© Springer Fachmedien Wiesbaden GmbH 2017
H. Herwig, *Dimensionsanalyse von Strömungen*, essentials,
https://doi.org/10.1007/978-3-658-19774-2

# Was Sie aus diesem *essential* mitnehmen können

- Mithilfe der Dimensionsanalyse gelingt es, Problemlösungen in dimensionsloser Form und damit bis zu einem bestimmten Grad allgemeingültig zu ermitteln.
- Die Anwendung dimensionsanalytischer Überlegungen erfordert ein bestimmtes Maß an Kenntnis der Physik eines zu behandelnden Problems. Nur so kann es gelingen, die charakteristischen Größen bzw. die relevanten Einflussgrößen für ein Problem zu ermitteln.
- Die zentrale Aussage zur Dimensionsanalyse von technischen und/oder physikalischen Problemen ist mit dem Pi-Theorem gegeben, dessen Ausgangspunkt die Relevanzliste bzgl. einer Zielgröße eines Problems ist.
- Die Aufstellung dieser Relevanzliste entspricht einer prinzipiellen Modellbildung und unterliegt den Bewertungskriterien „brauchbar oder nicht brauchbar" zur näherungsweisen Beschreibung eines Problems.
- Dimensionsanalytische Überlegungen ergeben, wie Versuche an geometrisch ähnlichen Versionen des Prototyps eines Originals (verkleinert oder vergrößert) ausgeführt werden müssen, damit aus diesen Versuchen auf die Verhältnisse an der Original-Version geschlossen werden kann. Dabei können Skalierungseffekte auftreten, die eine zunächst angestrebte Modelluntersuchung verbieten bzw. fragwürdig machen.
- Wenn bei solchen Modellversuchen nicht alle im Zuge der Dimensionsanalyse gefundenen Bedingungen eingehalten werden können (partielle Ähnlichkeit) muss unter Kenntnis der Physik des Problems entschieden werden, ob Modellversuche „trotzdem" sinnvoll möglich sind.

© Springer Fachmedien Wiesbaden GmbH 2017
H. Herwig, *Dimensionsanalyse von Strömungen,* essentials,
https://doi.org/10.1007/978-3-658-19774-2

# Literatur


Gibbings, J. C. (2011). *Dimensional analysis.* London: Springer.

Gloss, D., & Herwig, H. (2009). *Data acquisition and physical interpretation with respect to micro channel flows: A delicate issue, ICNMM 2009-82021.* Pohang: South Korea.

Herwig, H., & Schmandt, B. (2015). *Strömungsmechanik* (3. Aufl.). Berlin: Springer Vieweg.

Herwig, H. (1997). Kritische Anmerkungen zu einem weitverbreiteten Konzept: Der Wärmeübergangskoeffizient $\alpha$. *Forschung im Ingenieurwesen, 63,* 13–17.

Herwig, H. (2001). Towards a deeper understanding: Widely used formulae in heat transfer and their background with respect to dimensional analysis. Proc. 4th Int. Workshop on Similarity Methods, 27–35, Stuttgart.

Herwig, H. (2002). Flow and heat transfer in micro systems: Is everything different or just smaller? *Zeitschrift für Angewandte Mathematik und Mechanik, 82,* 579–586.

Herwig, H. (2016). What exactly is the Nusselt number and are there alternatives? *Entropie, 18*(1–15), 198.

Herwig, H., Kautz, C., & Moschallski, A. (2016). *Technische Thermodynamik* (2. Aufl.). Berlin: Springer Vieweg.

Isaacson, E., & Isaacson, M. (1975). *Dimensional methods in engineering and physics.* London: Edward Arnold.

Kline, S. J. (1986). *Similitude and approximation theory.* Berlin: Springer.

Lemons, D. S. (2017). *A student's guide to dimensional analysis.* Cambridge: University Press.

Zierep, J. (1972). *Ähnlichkeitsgesetze und Modellregeln der Strömungslehre.* Karlsruhe: Braun.



© Springer Fachmedien Wiesbaden GmbH 2017

H. Herwig, *Dimensionsanalyse von Strömungen,* essentials,

https://doi.org/10.1007/978-3-658-19774-2